DE L'IMPORTATION

DES

GRAINES OLÉAGINEUSES ÉTRANGÈRES

EN FRANCE,

PAR LE MARQUIS D'HAVRINCOURT,

ÉLÈVE DE GRIGNON AU CONGRÈS AGRICOLE
DE 1844.

PARIS,

IMPRIMERIE DE MADAME Ve BOUCHARD-HUZARD,

RUE DE L'ÉPERON, 7.

1844

DE L'IMPORTATION

GRAINES OLÉAGINEUSES ÉTRANGÈRES

EN FRANCE.

DE L'IMPORTATION

DES

GRAINES OLÉAGINEUSES ÉTRANGÈRES

EN FRANCE,

PAR LE MARQUIS D'HAVRINCOURT,

DÉLÉGUÉ DE GRIGNON AU CONGRÈS AGRICOLE
DE 1844.

PARIS,

DE L'IMPRIMERIE DE Mme Ve BOUCHARD-HUZARD,
rue de l'Éperon, 7.

1844

DE L'IMPORTATION

DES

GRAINES OLÉAGINEUSES ÉTRANGÈRES

EN FRANCE.

L'importation des graines oléagineuses étrangères a pris depuis quelques années un accroissement rapide ; les faits qui en sont résultés ont profondément blessé dans leurs intérêts l'agriculture et le commerce maritime des départements du Nord, et les producteurs d'oliviers du Midi : ce résultat ressort, sans contestation possible, des plaintes unanimes adressées au gouvernement et aux chambres par toutes les Sociétés d'agriculture et du commerce et par les conseils généraux *des départements du Nord* ; des plaintes des producteurs d'oliviers *du département du Var* ; enfin de la délibération et du vote du conseil général *des Bouches-du-Rhône* (1).

Quels sont les adversaires de ces grands intérêts, de ces puissantes réclamations?

Les fabricants d'huile et de savons de Marseille.

Cette importante question va bientôt, sans doute, être soumise par le gouvernement aux discussions des cham-

(1) Session de 1843, page 224.

bres : il y a quelques jours, elle a été portée devant le congrès agricole qui vient de terminer sa première session. Elle y a été, il faut le dire, scrupuleusement étudiée, consciencieusement et savamment discutée; puis, à une immense majorité, le congrès a émis le vœu que le gouvernement favorisât par des droits protecteurs, les olives et les graines oléagineuses indigènes.

Peut-être, et nous l'espérons, le gouvernement et les chambres tiendront quelque compte des opinions exprimées, et des vœux émis dans cette grande réunion de ces hommes de travail et d'expérience, délégués de tous les points de la France pour venir discuter les intérêts de l'agriculture avec les hommes de sciences, avec toutes les notabilités agricoles.

Mais, comme le vœu du congrès a été vivement combattu, dans la discussion qui l'a précédé, par deux économistes justement célèbres, M. Moll, professeur d'agriculture, et M. Blanqui, professeur d'économie politique, tous les deux au Conservatoire des arts et métiers, et comme surtout il vient d'être distribué, à MM. les ministres et à tous les membres des chambres, une brochure habilement écrite, par le rapporteur d'une commission réunie à Marseille, et formée des principaux fabricants d'huile et de savon, et de quelques autres négociants, il a paru utile, pour préparer les discussions qui vont s'ouvrir et décider la question, de mettre aussi sous les yeux de MM. les ministres et des membres de nos chambres, un résumé des principales raisons qui ont motivé le vœu du congrès, et qui peuvent réfuter victorieusement, à notre avis, la brochure que nous venons de citer.

Le gouvernement et les chambres, pour favoriser les cultures indigènes, a établi, sur les graines oléagineuses étrangères, des tarifs qui, après avoir plusieurs fois varié, ont été fixés, le 21 juin 1835, ainsi :

	Par navires français.	Par navires étrangers.
Pour les graines de lin, par 100 kil.	1 fr. 00	1 fr. 50
Pour les autres graines, id.	2 fr. 50	3 fr. 00

On voit que ces droits sont très-faibles et que la graine de lin est encore favorisée sur les autres.

En voici les raisons :

1° Pour la graine de lin, il est reconnu, par les cultivateurs, qu'il est nécessaire de changer la semence du lin, et même de la dénaturaliser. On avait toujours mieux réussi en semant des graines étrangères, et surtout des graines de lin de Riga, qu'en semant des graines de lin français. C'est donc sur la demande de l'agriculture elle-même que les droits sur les graines de lin avaient été très-faibles; mais bientôt l'industrie, et surtout Marseille, en ont profité pour introduire une très-grande quantité de graines de lin et en faire de l'huile.

2° Pour les autres graines oléagineuses, le sésame, l'arachide, la noix de touloucouna, etc., on ne connaissait que très-mal le rendement de ces graines et produits, et surtout la qualité de leur huile, et on les avait presque imposés comme des substances médicinales. Depuis, l'industrie, en employant les moyens énergiques et perfectionnés qui sont à sa disposition, a tiré en huile,

Du sésame, de 47 à 50 pour 100;

Du touloucouna, de 60 à 65 pour 100 ;

Et il a été reconnu que, pour la fabrication des savons, leur huile pouvait remplacer l'huile d'œillette et même l'huile d'olive. Il y a donc eu *erreur* de la part du gouvernement lorsqu'il a établi les tarifs de 1833 , et il ne se doutait pas du produit que l'on pourrait tirer de ces graines jusqu'alors à peine connues ; mais il paraît certain qu'il y a eu encore *fraude* de la part des fabricants de savon de Marseille, et voici comment : le gouvernement, tout en restreignant l'importation des produits étrangers, veut favoriser l'industrie et les fabriques de l'intérieur ; et, dans ce but, il a établi, pour les savons comme pour les sucres , la restitution du droit , appelée *drawback* ; c'est-à-dire que les produits manufacturés en France, avec des matières premières étrangères frappées d'un droit à leur entrée, et qui sont ensuite exportés, reçoivent , à leur sortie, la restitution de ce droit. Or *l'huile* d'olive étrangère est frappée, à son entrée par navires français, d'un droit, par 100 kilogrammes, de 33 fr. 40.

Les graines de sésame étant imposées, dans les mêmes conditions, d'un droit de 2 fr. 50 par 100 kilogr. *de* graines, et ces graines rendant à peu près 50 pour 100, il en résulte que 100 kilogr. *d'huile* de sésame ont payé un droit de 5 fr.

Mais l'huile de sésame remplaçant, dans les savons, l'huile d'olive , des négociants ont importé des huiles d'olive, et ont payé le droit de 33 fr. 40 ; ils ont fabriqué leurs savons avec de l'huile de sésame pour laquelle ils n'avaient payé qu'un droit de 5 fr., puis, à l'exportation de ces savons, ils ont réclamé un drowback de 33 fr. 40, comme si ces savons étaient faits avec de l'huile d'olive.

Les agents de la douane se sont bien doutés de cette fraude : ils ont essayé plusieurs réactifs sur des savons faits avec de l'huile d'olive et sur des savons faits avec de l'huile de sésame, afin d'arriver à des moyens certains de les distinguer ; mais, jusqu'ici, la chimie a été impuissante, et la fraude continue d'autant plus impunément, que les commerçants les plus estimés, dans presque toutes les industries, ne croient jamais forfaire en faisant la fraude.

Il y a donc eu *erreur* de la part du gouvernement, *industrie nouvelle* et *fraude* de la part des négociants de Marseille qui ont profité de cette erreur. Voici quels en ont été les conséquences :

Les négociants de Marseille ont compris qu'il y avait, pour eux, une source de profits nouveaux ; ils sont allés en Égypte passer des marchés pour des graines de sésame et en encourager la culture. L'Égypte a compris cet appel, et la culture du sésame a promptement décuplé. La Syrie, dont le sol et le climat sont également propres à ce produit, l'ont aussi cultivé, et il paraît que ces deux contrées se préparent à en semer des quantités qui inonderont nos marchés en 1844, si des droits protecteurs ne nous garantissent pas, d'ici la récolte prochaine.

Le Sénégal a commencé à cultiver, mais en petite quantité, l'arachide, et la noix de touloucouna, véritable éponge huileuse, suivant l'expression de M. Blanqui, dont le rendement va jusqu'à 65 pour 100; enfin l'importation des graines oléagineuses étrangères, qui, en 1832, avait été de . . . . 9,791,437 kil. s'est élevée, en 1842, à . . . . 77,556,570 kil. Mais elle a été bien plus forte encore en 1843, puisqu'en 1842 nous avions encore vendu assez bien nos graines, tandis qu'en 1843 elles ont baissé d'un tiers. Malheureusement, et nous le regrettons bien vivement, nous n'avons pu nous procurer les états des douanes de 1843.

Les négociants de Marseille ont donc établi des usines à huiles, ont fabriqué eux-mêmes et n'ont plus demandé les huiles des départements du Nord, qui sont restées sans débouchés, et cela à tel point que Dunkerque, qui envoyait, chaque année, à Marseille, environ cent bâtiments montés chacun par dix à douze hommes et destinés uniquement au commerce des huiles, a vu ce transport complétement cesser en 1843, puisqu'il n'est sorti du port de Dunkerque que la quantité insignifiante de 2,000 kilogr. d'huiles.

En présence de ces faits, l'agriculture et le commerce intérieur et maritime des départements du Nord, du Pas-de-Calais, de la Somme, de la Seine-Inférieure, du Calvados, de l'Aisne, de l'Oise, de Seine-et-Oise, etc., etc., ont fait d'unanimes réclamations : les propriétaires des oliviers, qui font la richesse du Midi, se sont joints aux

départements du Nord, dans les départements du Var
et des Bouches-du-Rhône, et enfin le gouvernement a
promis aux représentants des intérêts lésés de s'occuper
d'eux sérieusement et de présenter, dans le courant de
cette session, un projet de loi aux chambres.

Le congrès agricole, réuni sous la présidence de M. le
duc Decazes, et sous la vice-présidence de M. le comte
de Gasparin, a été appelé à délibérer sur la question des
graines oléagineuses ; une commission composée des notabilités agricoles sur cette question a été formée ; ses
conclusions ont été présentées et défendues avec un remarquable talent par son rapporteur, M. de Laboire ; et,
après une discussion dans laquelle la libre importation a
eu pour habiles défenseurs MM. Moll, Blanqui et Courdebonne, le congrès a émis le vœu « que des droits
« protecteurs soient établis sur toutes les graines et sub-
« stances végétales oléagineuses étrangères, proportion-
« nellement au rendement en huile de ces graines et
« substances, et en prenant pour base le tarif imposé
« aux huiles d'olive étrangères ; » de telle sorte que,
l'huile étant le véritable produit de ces graines et substances, toutes les huiles se trouvent protégées et rangées
dans un droit commun.

Ce sont ces conclusions que nous voulons soutenir et
défendre.

Nous allons d'abord résumer les objections principales
qui ont été faites au congrès, et chercher à les réfuter,
puis nous répondrons à la brochure des négociants de
Marseille.

Et d'abord constatons un point important de la discussion.

Au congrès, tout le monde a été d'accord sur la conséquence inévitable de la libre introduction des graines oléagineuses étrangères, et les partisans de cette libre importation ont loyalement avoué *qu'elle amènerait infailliblement la ruine et l'abandon de la culture de toutes les plantes oléagineuses indigènes.*

Pas une seule voix n'est venue prétendre qu'il y avait possibilité pour elle de soutenir la concurrence.

« Mais, a dit M. Moll, je ne regrette aucune de vos
« plantes oléagineuses : elles sont toutes épuisantes, di-
« minuent la fertilité de la terre, et ne rendent pas,
« comme les céréales, une grande abondance de paille
« pour les engrais ; l'agriculture sera forcément entraî-
« née dans une meilleure voie, et elle adoptera la cul-
« ture suivie dans une grande partie de l'Angleterre et
« de l'Allemagne et qui est la plus productive du monde.
« Elle remplacera ses colzas, ses lins et ses œillettes par
« des prairies, des plantes fourragères, et surtout des
« racines qui ameublissent aussi la terre par les sar-
« clages, et ont, dans cette abondance de nourriture,
« l'immense avantage de permettre d'entretenir plus de
« bestiaux et, par conséquent, d'améliorer le sol par
« une plus grande quantité d'engrais. »

M. Blanqui s'est appuyé sur le fait acquis, acquis irrévocablement. « Les graines étrangères sont arrivées
« en France, a-t-il dit ; elles ont donné un rende-
« ment immense, bien plus considérable que vous ne le

« pensez, car le sésame est loin d'être le plus riche ;
« le touloucouna, véritable éponge huileuse, rend
« jusqu'à 65 pour 100 ; on la cultive au Sénégal, et
« on commence à y cultiver bien d'autres plantes
« oléagineuses plus riches encore : on va aussi les
« cultiver à Alger ; et le Sénégal, Alger sont aussi
« français ; le fait est acquis. L'huile, ce besoin du
« pauvre, est devenue bon marché ; il faut que vous
« subissiez la loi de la destinée, et vous ne pouvez vous
« opposer au bien-être général. D'ailleurs, si vous par-
« lez des intérêts de l'agriculture, ceux du commerce
« ne sont pas à dédaigner, et le transport des graines
« oléagineuses exotiques fera fleurir notre commerce
« avec l'Orient : le colza, le lin, l'œillette mourront ;
« eh bien, ils seront remplacés par autre chose. »

M. Courdebonne a dit « que le colza ne pouvait être
« qu'une culture très-restreinte, attendu qu'il est
« épuisant et qu'il ne peut être cultivé que dans de très-
« bonnes terres. » Il a ajouté « que l'Angleterre si
« avancée en agriculture ne cultivait pas de colza, pré-
« cisément parce qu'elle voulait favoriser son commerce
« maritime, en lui laissant le transport des graines
« oléagineuses. »

Nous allons tâcher de répondre à ces objections spé-
cieuses qui ont été si habilement présentées, et qui peuvent, ce nous semble, être résumées ainsi :

1° *La culture des plantes oléagineuses diminue-t-elle la
fécondité du sol dans les pays où elle est introduite ?*

2° *Est-elle restreinte aux bonnes terres, et ne peut-elle
s'étendre ?*

3° *Y a-t-il un droit acquis pour les graines oléagineuses étrangères, et peut-on remplacer* immédiatement *la culture des plantes oléagineuses indigènes par autre chose?*

4° *Quels sont les intérêts engagés?*

5° *Devons-nous suivre, dans notre économie politique, l'exemple de l'Angleterre?*

1° *La culture des plantes oléagineuses diminue-t-elle la fertilité du sol dans les pays où elle est introduite?*

C'est là la véritable question à examiner ; car, de ce qu'une plante cultivée *une fois* dans un sol a paru épuisante et a diminué sa fécondité, il ne s'ensuit nullement que la culture de cette plante introduite dans un assolement, *d'une manière suivie, avec ses nécessités et ses conséquences,* diminuera la fécondité du sol.

En effet, la première règle que suit le cultivateur le moins éclairé, le principe qui seul, peut-être, est général dans l'agriculture cette science d'applications , c'est qu'il ne faut jamais demander à la *terre* une récolte qu'elle ne peut pas donner *belle* , c'est que rien n'est ruineux comme les demi-récoltes , parce qu'elles entraînent des dépenses aussi fortes et souvent plus considérables que les récoltes pleines.

Il en résulte donc que tout agriculteur qui voudra introduire une culture devra s'arranger de façon à lui donner le sol qui lui est convenable ; et, s'il veut cultiver des plantes épuisantes , il faudra qu'il combine ses ressources de manière non-seulement à leur donner un sol riche, mais à continuer toujours à rendre à sa terre la fertilité que ces plantes lui auront enlevée ; autrement il n'aurait plus que des demi-récoltes, tous ses autres produits en souffriraient, et il serait promptement contraint d'abandonner ses essais.

Appliquons maintenant ces principes incontestables à la culture des plantes oléagineuses.

Si cette culture a diminué la fécondité du sol dans les pays où elle s'est introduite, les récoltes seront, sans aucun doute, devenues moins belles, le rendement général aura successivement diminué, et on aura vu bientôt tous les bons cultivateurs forcés d'abandonner ces cultures sous peine de se ruiner. Ce résultat a dû être la conséquence inévitable du principe de M. Moll, si ce principe est vrai dans la pratique.

Mais est-il possible de soutenir un instant que les faits se sont passés ainsi ?

La culture des plantes oléagineuses était, il y a vingt ans, presque restreinte au département du Nord et à une petite partie du Pas-de-Calais : lorsqu'elle s'est répandue, en remplaçant la jachère, elle a trouvé contre elle le préjugé qu'elle amènerait l'épuisement des terres. Il y a six ans encore, en Normandie, on interdisait dans les baux la culture du colza, comme on l'avait fait pour la betterave ; et cependant, depuis quelques années, elle s'est étendue dans toute la Picardie, dans une partie de la Normandie et tout autour de Paris ; *et nulle part on n'a vu les bons cultivateurs l'abandonner après l'avoir essayée* : ceci est un fait acquis, incontestable, et nous avons vu les délégués de toutes ces provinces proclamer au congrès que cette culture avait été partout une source de richesse, qu'elle avait amené l'amélioration du sol et une augmentation dans les rendements de tous les produits, et que, loin de diminuer, elle s'étendait chaque jour avec les progrès de l'agriculture qu'elle suit et qu'elle amène.

Les causes de ces résultats remarquables sont faciles à expliquer.

Puisque les plantes oléagineuses sont épuisantes, c'est-à-dire demandent un sol riche, il faut nécessairement que l'agriculteur qui veut les cultiver enrichisse son sol : or tout le monde sait que, pour faire cette puissante amélioration en agriculture, il faut des capitaux ; eh bien, la culture des plantes oléagineuses, étant très-lucrative, donne précisément au cultivateur ces capitaux.

Et, comme jamais une récolte n'épuise tout l'engrais qui lui a été donné, il en reste toujours pour les céréales qui suivent les plantes oléagineuses.

Aussi voyons-nous, à la suite de leur introduction dans les cultures, le rendement des céréales augmenter rapidement.

Maintenant que nous avons prouvé qu'il était indispensable, pour un cultivateur qui voulait cultiver les plantes oléagineuses, d'enrichir son sol, et que l'expérience démontrait que cela avait eu lieu en effet, disons quelques mots des moyens que cette culture lui donne pour arriver à ce but.

Le résidu des graines oléagineuses dont on a exprimé l'huile est appelé tourteau : concassé ou dissous, il est une excellente nourriture pour engraisser les bestiaux ; et, mis en poudre, il devient un engrais précieux par la facilité de son transport, par sa puissance et par la promptitude de son effet. Tout bon cultivateur ne va jamais vendre ses graines au marché sans en ramener des tourteaux, et il sait bien que, quand il emploierait ainsi une partie de ses profits sur ses graines, il lui restera toujours de superbes bénéfices dans la beauté des céréales qui suivront.

Sans doute on peut ne pas user, mais abuser de la culture des plantes oléagineuses, et il y a beaucoup de cultivateurs qui n'achètent jamais de tourteaux ; mais ceux-là ne sont pas de bons cultivateurs, et ce n'est pas pour eux que nous pouvons raisonner, car ils trouveront toujours le moyen d'abuser de tous les modes de culture et d'épuiser leur terre, au lieu de l'améliorer.

Enfin la culture des plantes oléagineuses est améliorante par la main-d'œuvre qu'elle exige.

Il faut au colza des buttages et des sarclages qui ameublissent la terre : sa récolte, étant faite de très-bonne heure, permet, pendant deux mois, de travailler la terre et d'y détruire les mauvaises herbes avant d'y jeter les semences de céréales.

L'œillette, se semant au printemps, permet de donner aux terres une jachère d'hiver ; elle a encore le grand avantage de pouvoir remplacer les colzas qui auraient manqué ou qui auraient péri pendant les gelées ; enfin, exigeant trois sarclages, elle laisse la terre dans un état parfait de propreté, après avoir procuré du travail pendant tout l'été aux hommes, aux femmes, et même aux enfants des classes pauvres.

Le colza donne encore une assez grande quantité de paille, qui, pour être grosse, n'en fait pas moins un bon engrais, surtout si on a le soin de l'arroser avec les liquides alcalins de la ferme.

Le pied de l'œillette peut donner, si on prend le même soin, un engrais beaucoup meilleur qu'on ne le pense généralement; mais il est presque toujours une grande ressource pour les populations pauvres et éloignées des bois, devenus malheureusement si rares. Elles chauffent leurs fours avec les bottes d'œillettes, et trouvent encore leur eau de lessive dans les cendres, qui contiennent beaucoup de potasse.

Nous ne nous étendons pas sur la culture du lin, parce que, excepté dans les pays marécageux, elle est une culture exceptionnelle, à cause de l'énorme intervalle qu'il faut mettre entre ses récoltes, de la préparation et de la richesse toute particulière qu'il faut donner au sol. Cette culture est, nous l'avouons, très-épuisante; mais encore est-il vrai de dire qu'il a fallu si bien préparer et enrichir le sol, qu'il en reste toujours quelque chose après la récolte, et d'ailleurs le produit est si beau, que tout bon cultivateur saura en employer une forte part pour réparer, et au delà, par des tourteaux, la diminution de fécondité de son sol.

Ainsi donc nous croyons avoir démontré par le rai-

sonnement et par l'expérience, et suffisamment expliqué
par les faits, « que non-seulement la culture des plantes
« oléagineuses ne diminue pas la fertilité du sol dans les
« pays où elle est introduite régulièrement, mais qu'elle
« accompagne et amène à sa suite l'amélioration de la
« terre et la richesse du cultivateur. »

La culture des plantes oléagineuses est-elle restreinte aux
très-bonnes terres ou peut-elle s'étendre ?

Il suffit de parcourir les pays que nous venons de citer,
et qui ont adopté cette culture, pour se convaincre
qu'elle ne demande dans nos climats tempérés qu'un
sol riche, et qu'elle s'arrange de tous les terrains. Ainsi
le lin vient à merveille dans les terrains humides, bas et
profonds ; le colza vient très-bien dans les terrains argi-
leux, et l'œillette réussit à merveille dans les terrains
calcaires de la dernière qualité. Dans la Picardie et dans
l'Artois, on rencontre à chaque instant des plaines où
l'on trouve le calcaire par à 10 ou à 12 centimètres, et
qui donnent de belles récoltes en œillettes, et même
quelquefois en colza.

Il faut, nous le répétons, uniquement un sol riche :
mais quelles améliorations en agriculture sont-elles pos-
sibles sans la richesse du sol, prise comme but et pour
résultat ?

La culture des plantes oléagineuses s'étendra donc
inévitablement dans tout le nord et dans la partie du
centre de la France dont le climat est tempéré, à me-

sure que l'agriculture y fera des progrès, et il en résultera de bien grands avantages pour toutes les classes, et surtout pour les classes pauvres, qui trouveront, à bon marché, l'huile à brûler, et l'huile d'œillette qui est excellente à manger.

Y a-t-il un droit acquis pour les graines oléagineuses étrangères, et peut-on remplacer immédiatement la culture des graines indigènes par autre chose?

Mais où donc est le droit acquis? Depuis longtemps ces graines étrangères sont-elles en possession de nos marchés, et sont-ce des cultures indigènes toutes nouvelles qui viennent les en chasser, bouleverser des industries depuis longtemps établies?

Mais il n'en est nullement ainsi : il y a deux ans, trois ans encore, la production de ces graines, en Égypte, était encore minime, et leur introduction était à peine sensible en France; en 1842 même, elle n'a pas été assez considérable pour nous être très-nuisible; ce n'est guère qu'en 1843 que, à la faveur de la protection accordée à ces graines par les tarifs actuels, leur importation s'est développée d'une manière exorbitante : mais n'avons-nous pas démontré, n'est-il pas évident, n'est-il pas connu de tous, que cette protection était le résultat d'une erreur?

Depuis quand une erreur, dans nos lois et dans nos réglements, a-t-elle constitué un droit acquis qui rende cette erreur inattaquable? Est-ce à dire que les lois de douanes doivent avoir tout prévu, même les faits ignorés jusqu'alors, et que le silence, l'omission ou l'erreur constituent des droits acquis sur lesquels il ne serait plus permis de revenir ?

Et l'on soutiendrait cette thèse aujourd'hui que tous les hommes politiques reconnaissent les inconvénients des traités de commerce à longs termes, et la nécessité de faire subir aux tarifs des modifications analogues à celles qu'éprouvent la consommation et la production !

Malgré la douleur avec laquelle nous avons vu, dans nos départements du Nord, frapper de coups successifs, mais qui doivent finir par être mortels, la fabrication du sucre indigène, cette industrie si nationale, si admirablement liée à l'agriculture, nous avons compris que de ce grand parti dépendait peut-être le sort de nos colonies et de notre marine ; nous avons courbé la tête devant la cruelle nécessité où parfois la patrie se trouve de sacrifier quelques-uns de ses enfants dans l'intérêt de tous.

Et cependant, que d'encouragements donnés pendant si longtemps par l'État au sucre indigène ! que d'efforts, de tentatives dirigés vers ce but ! Mais enfin, plus tard, on a pensé que c'était nous, industrie nouvelle, qui venions renverser de vieux droits acquis, déchirer le contrat synallagmatique entre la métropole et ses colonies, et porter la ruine au milieu de ces populations françaises aussi, déjà si malheureuses d'être séparées par tout un océan de leur France.

Ici rien de semblable : point de droit acquis, ni par le temps, ni par les encouragements ; deux ou trois ans d'un abus fondé sur une erreur dont l'existence n'est constatée, n'est assurée par aucun traité, et qui, depuis un an seulement, se montre au grand jour et d'une manière dangereuse, voilà tous vos titres. Mais c'est nous qui avons cent fois le droit acquis pour nous ; c'est nous, agriculture, commerce intérieur, commerce maritime, nous qui ne demandons rien à l'étranger, qui sommes une richesse nationale , nous qui faisons vivre plus de dix millions de populations agricoles, c'est nous qui sommes en possession immémoriale, c'est nous qui sommes attaqués, c'est nous qui avons cent fois le droit acquis.

C'est nous qui allons être ruinés, et à qui on jette ces paroles :

« Eh bien, votre culture tombera, et elle sera rempla-« cée par autre chose. »

Cela est parfaitement court et facile à dire ; mais il en est tout autrement du temps qu'il faut et des facilités qu'on trouvera dans l'exécution.

L'industrie sucrière sera sacrifiée , mais elle le sera lentement; elle tombera peu à peu ; on lui donnera largement le temps de parer aux perturbations apportées dans son existence, de chercher une nouvelle direction à ses capitaux et à son activité.

Mais nous, c'est un coup de foudre qui nous renverse; c'est tout à coup que la production et l'importation des graines oléagineuses étrangères sont devenues si considérables , que tous nos produits ont baissé de plus d'un tiers ; et, de l'aveu de nos adversaires, l'immense exten-

sion donnée en Égypte et en Syrie à la culture du sésame, et les essais d'autres produits plus riches encore,
nous assurent pour 1844 une ruine complète. Mais c'est
donc toujours nous qui serions sacrifiés ? après avoir été
frappés dans nos sucres, nous le serions encore dans nos
graines oléagineuses ; et c'est l'agriculture, la vraie richesse de la France, qui serait attaquée ainsi ; c'est le
fruit des efforts et des sacrifices par lesquels nous avons
rendu notre sol si fertile que l'on détruirait sans cesse !

Car cette transformation subite de notre culture, c'est
une utopie. Sans vouloir discuter avec M. Moll le mé-
rite et l'avantage même, s'il le veut, de ces cultures fourragères qui font la richesse des pays qu'il nous a cités,
sans vouloir lui opposer les différences de climats, le
morcellement du sol, le chiffre malheureusement crois-
sant de nos populations pauvres qui vivent du travail nécessaire à la culture des plantes oléagineuses, nous nous
bornerons à lui rappeler le caractère lent, prudent,
défiant des cultivateurs ; et, quand on voit qu'il a fallu un
demi-siècle pour modifier les cultures des provinces
voisines de la Flandre et arriver à la suppression de la
jachère, on ne peut sérieusement penser, dans l'état
actuel d'infériorité de l'éducation agricole, à bouleverser tout à coup les pratiques, à abandonner le fruit
de toutes les expériences, et jeter toutes nos agricul-
tures du Nord dans des essais.

En supposant que la méthode agricole de M. Moll
soit la meilleure, la plus productive même, ce ne peut
être qu'à la longue, par la persuasion, par de bons

exemples qu'on pourrait l'introduire, mais ce ne sera
jamais tout à coup, et par voie de contrainte.

Peut-être, et très-probablement avec le temps, et
sous la protection des droits demandés, nous acclimate-
rons, le Midi surtout acclimatera ces nouvelles graines
si riches; la culture de nos graines oléagineuses s'étend
et s'améliore tous les jours, et il doit en résulter, dans un
temps prochain, un accroissement énorme de production
qui, tout en donnant de l'aisance aux cultivateurs, fera
baisser le prix de l'huile, une des nécessités du pauvre,
ainsi que le demande M. Blanqui. Mais pour cela il
nous faut du temps et de la tranquillité.

Et puis nous sommes loin de partager les idées de
M. Blanqui en économie politique, idées que nous
l'avons vu soutenir de nouveau dans les questions des
bestiaux, des laines, etc.

M. Blanqui fait uniquement consister l'aisance générale et le bien-être des classes pauvres dans le bon marché des denrées de première nécessité, et, comme c'est
l'agriculture qui fournit ces denrées, il lui dit : « Donnez-
« les à bon marché, ou, si cela ne vous est pas possible,
« abaissez les tarifs et laissez-les fournir par l'étranger. »

Ce raisonnement peut être juste pour les populations
industrielles, et l'adoption de ce système pourrait leur
être favorable, si l'industrie ne trouve pas moyen de les
organiser, de les moraliser et de les sortir de l'affreuse
misère où elle les laisse si souvent; mais il est complète-
ment faux, et il serait désastreux pour toutes les populations agricoles, qui enfin forment les deux tiers de la

population française et constituent la véritable force du pays.

En effet, la conséquence immédiate, inévitable de l'abaissement des tarifs serait évidemment la ruine de notre agriculture; car nous voyons encore plus de raisons d'abaisser les tarifs sur les blés étrangers, sur les laines, etc., qui sont bien plus encore de première nécessité que les huiles et les savons, et cependant chacun sait que, dans le midi de la Russie, par exemple, les terrains ont si peu de valeur, que les blés d'Odessa peuvent être livrés sur nos marchés à un prix bien inférieur à celui *de revient* pour notre agriculture. Plus tard, nous l'espérons, notre sol est si riche, que nous pourrons lutter avec avantage contre tous nos voisins; mais en ce moment, avec l'absence de toute organisation de l'instruction et de la représentation agricole, avec le manque de capitaux, avec la valeur énorme de nos biens-fonds, l'agriculture ne peut, malgré ses efforts et sa modération, produire aussi bon marché que nos voisins.

Eh bien, de la ruine, de la souffrance même de l'agriculture, n'en résulterait-il pas immédiatement, inévitablement le malaise des classes qu'elle fait vivre?

N'est-il pas connu de tout homme pratique que l'aisance générale est relative et ne suit pas uniquement le bas prix ou la cherté des denrées premières? Lorsque les prix de la viande, de la laine et de l'huile seront abaissés de quelques centimes, les classes pauvres agricoles vivront-elles mieux, si cet abaissement des prix a amené la souffrance de l'agriculture qui les fait vivre, et par conséquent l'avilissement de leurs salaires? Si, au contraire, l'agriculture prospère, et si elle donne, par conséquent, de l'aisance à tous ses employés, n'auront-ils pas un bien-être bien plus réel, tout en payant les denrées de première nécessité quelques centimes plus cher?

Ces principes nous paraissent de toute évidence, et, sans proclamer à tout jamais la nécessité de tarifs élevés, nous les regardons aujourd'hui comme la sauvegarde de l'agriculture et du bien-être des populations agricoles, et nous pensons que, s'ils doivent être un jour abaissés, ils ne doivent l'être que peu à peu et avec prudence.

Quels sont les intérêts engagés?

Cette partie de notre travail est peut-être la plus importante, car elle constitue la position de la question; et presque toujours, quand une question est bien posée, elle est bien près d'être facilement résolue. Quels sont donc ici les intérêts engagés?

D'un côté, pour des tarifs protecteurs, nous voyons, dans le Midi, les propriétaires du département du Var, et le conseil général des Bouches-du-Rhône, dans le Nord, unanimité de l'agriculture, du commerce intérieur et du commerce maritime des dix ou douze plus riches départements de la France.

Tous vous disent que, pour eux, l'importation des

graines oléagineuses étrangères est une question de vie ou de mort.

De l'autre côté, pour le *statu quo* et l'importation des graines étrangères, nous voyons les fabricants de savon et les fabricants d'huile prétendant soutenir

1° Les intérêts de l'agriculture du Midi,

2° Les intérêts du commerce maritime et des colonies,

3° Leurs propres intérêts.

1° Les intérêts de l'agriculture, qui a besoin des tourteaux, résidus des graines, surtout dans le Midi, où la sécheresse et le manque de pâturages rendent les bestiaux rares.

Nous en conviendrons volontiers, les tourteaux sont, comme tous les engrais pulvérulents, un grand avantage pour l'agriculture lorsqu'elle en profite; mais nous ne les regardons comme *nécessaires* que dans les pays où la culture des plantes oléagineuses étant introduite exige des moyens puissants de remplacer la fertilité du sol absorbée par ces plantes. Partout ailleurs, une culture bien conduite doit pouvoir se suffire à elle-même, et n'a tout simplement qu'à employer l'argent qu'elle aurait mis aux tourteaux, soit à l'acquisition d'autres engrais, soit à la culture de plantes moins épuisantes ou servant à la nourriture des bestiaux. Il n'y a pas de climat au monde où la culture ne puisse produire des nourritures pour les bestiaux.

Ainsi, pour tout économiste agricole, le Midi peut parfaitement remplacer les tourteaux.

D'ailleurs, et c'est ici, ce nous semble, la raison concluante : l'agriculture du Midi n'aura guère à changer à ses habitudes, l'emploi du tourteau est bien loin d'être devenu pour elle une nécessité ; il n'est encore qu'un essai et un essai peu suivi; car, au lieu de consommer avec empressement tous les tourteaux que peuvent lui fournir ses fabriques, elle en laisse enlever *près de la moitié*; par qui ? par l'Angleterre, qui, cependant, a un fret considérable à supporter de Marseille chez elle. En ouvrant les états fournis par les douanes et par la brochure elle-même des commerçants de Marseille, nous trouvons que, en 1843, les fabriques d'huile de Marseille ont livré au commerce en tourteaux. . . . . 24,535,184 kil. et qu'il en a été consommé dans l'intérieur de la France. . . . . 14,264,143 et exporté, ... 10,271,041

Ces chiffres parlent assez d'eux-mêmes.

2° Les intérêts du commerce maritime et des colonies. Mais, en ouvrant encore les mêmes états, nous trouvons que, en 1843, il est entré à Marseille,

38,442,465 kilogr. de graines oléagineuses étrangères,

Dont

8,773,592 kilogr. par navires *français*,
29,668,873 kilogr. par navires *étrangers* ;

c'est-à-dire que le pavillon français n'est entré dans l'importation des graines oléagineuses étrangères que pour environ 23 pour 100.

A la vérité, dans la brochure des négociants de Marseille, pour atténuer ce résultat écrasant, on a pris la moyenne depuis 1833, et on a trouvé que cette moyenne donnait au pavillon français 36 pour 100 de l'importation. Mais un fait plus accablant encore ressort de cette différence lorsqu'on approfondit ce résultat présenté avec une certaine adresse ; c'est que la part du commerce français, dans le transport des graines oléagineuses étrangères, a, chaque année, *diminué*, et celle du commerce étranger a constamment *augmenté*.

Ainsi donc, tout le bénéfice est pour l'étranger : bénéfice pour son agriculture qui produit, bénéfice pour son commerce qui transporte.

Mais nous, n'avons-nous pas aussi, de notre côté, un grand intérêt maritime, et celui-là est tout français : le transport des huiles du Nord à Marseille n'employait-il pas, dans le seul port de Dunkerque, cent bâtiments qui restent sans emploi et qui chôment ? Mais le Midi lui-même n'est-il pas autant que nous intéressé à cette navigation régulière ? En effet, la production vinicole est en souffrance : le rapport lumineux présenté au congrès agricole par M. Dezemeris, député, au nom de la commission des vins, a démontré que le véritable marché des vins français était le marché français. Les huiles d'olive fines étant destinées aux classes riches ont aussi besoin de nombreux et faciles débouchés.

Eh bien, de toutes les parties de la France, il n'en est pas qui consomment plus de vins fins et d'huiles d'olive fines que les riches et populeux départements du Nord ;

cette voie est même la plus économique pour arriver à Paris.

Les vins et les huiles du Midi trouvent donc, dans la navigation régulière qui était établie pour le transport des huiles du Nord à Marseille, un admirable débouché, car ils sont tout naturellement le fret pour le retour.

Ainsi donc, voilà encore des intérêts bien considérables du Midi lui-même, qui sont d'accord avec nous.

Quant aux colonies, il est vrai que quelques envois d'arachide et de touloucouna ont été faits du Sénégal ; il est possible qu'Alger puisse cultiver le sésame ; mais, enfin, ces cultures ne sont qu'à l'état d'essai ou en projet, et il est encore bien temps que la métropole dise à ses colonies : « Arrêtez-vous dans la voie que vous vou-« lez tenter ; car, ici, vous nuiriez à nos intérêts les « plus précieux ; contentez-vous de vos anciens produits, « ou faites d'autres essais qui ne vous mettent pas en « concurrence avec nous. »

Mais, ici, nous voyons une preuve de plus de la nécessité d'une prompte décision.

3° L'intérêt des fabricants d'huiles et de savons.

Ici nous croyons qu'il faut encore diviser les intéressés en deux classes : les fabricants de savons et les fabricants d'huiles.

Les fabricants de savons ne nous paraissent pas être menacés par la prohibition des graines étrangères, à moins qu'ils n'aient réellement, à cette importation, un intérêt caché qui ne peut être que la fraude ; en effet, ne fabriquaient-ils pas du savon il y a quelques années?

Que l'huile leur vienne d'Égypte ou du Nord, leur industrie n'en aura pas moins ses matières premières. Ils se serviront de l'huile d'œillette pour les savons fins comme ils s'en servaient avant l'arrivée du sésame, et ils régleront le prix de leurs savons sur celui des huiles; peut-être pendant quelques années encore, et jusqu'à ce que la culture des plantes oléagineuses ait atteint l'extension à laquelle elle est appelée, les savons fins seront un peu plus chers qu'ils ne l'auraient été avec l'importation; mais, enfin, le bénéfice de toute la fabrication n'en restera pas moins aux fabricants de savons. Il ne nous paraît donc pas qu'ils aient ici un véritable intérêt, un intérêt qu'ils puissent avouer et faire bien comprendre.

Restent les fabricants d'huile du Midi.

Nous voulons être de trop bonne foi pour ne pas avouer qu'ici, il y a un intérêt véritablement mis en cause. Il est clair que l'importation cessant, la fabrication du Midi cesse ou est contrainte de demander à l'intérieur ses matières premières. Cependant nous pouvons dire encore que les fabricants d'huile qui supportent déjà aujourd'hui le fret des graines venant de Syrie, d'Égypte et du Sénégal pourraient encore supporter le transport des graines du Nord à Marseille; leur fabrication continuerait ainsi, et les nouvelles usines construites sous l'empire des tarifs actuels pourraient prospérer avec les graines indigènes comme avec les graines exotiques; enfin le Midi ne serait point privé de tourteaux. A la vérité, ces usines auraient sur celles du Nord un désavantage facile à préciser et à apprécier : il consisterait dans la différence du fret de l'huile à celui des graines qui la produisent ; ce fret supplémentaire serait celui du résidu des graines, *c'est-à-dire le transport des tour-teaux*. Voilà tout le désavantage des usines de Marseille ; voilà le seul obstacle qui s'oppose à ce qu'elles prospèrent tout aussi bien que les usines du Nord avec les seules graines oléagineuses indigènes.

Mais les Anglais viennent bien chercher à Marseille les tourteaux et consentent bien à payer leur transport pour les livrer à leur agriculture. Pourquoi l'agriculture du Midi, lorsqu'elle connaîtra mieux les avantages du tourteau, ne payerait-elle pas aux usines la valeur de ce fret qui est leur seul désavantage ?

Enfin les commerçants de Marseille se plaignent du monopole des fabriques du Nord, qui, selon eux, tiennent leurs prix trop élevés. Mais n'auront-ils pas, dans leurs fabriques d'huiles, un précieux moyen d'empêcher ce monopole en venant lui faire concurrence sur nos marchés ?

Cette idée et cette nouvelle direction à donner à la fabrication des huiles, dans la supposition de droits protecteurs, nous paraissent mériter de l'attention et un examen sérieux ; mais, en supposant même que les fabriques de Marseille ne pussent lutter contre les fabriques du Nord, eh bien, malheureusement alors, il y aurait deux intérêts opposés en présence, et le gouvernement et les chambres se trouveraient dans la douloureuse nécessité de sacrifier l'un à l'autre.

Mais n'est-ce pas ce qu'on a fait pour les sucres, et n'est-ce pas nous qui avons été sacrifiés? Peut-on comparer les intérêts des sucreries indigènes si considérables, si nombreuses, intimement liés à ceux de l'agriculture, avec ceux des fabriques d'huiles de Marseille, qui, au dire même de nos adversaires, n'emploient qu'environ *mille* ouvriers en tout? Peut-on comparer les encouragements qui, depuis l'empire, avaient sans cesse été donnés à l'industrie sucrière, à la tolérance indirecte, basée sur une erreur et sur l'ignorance des faits, à l'aide de laquelle une nouvelle industrie, restreinte à la ville de Marseille, a discrètement et peu à peu grandi dans l'ombre? Enfin et surtout, pourrait-on un instant mettre en balance l'importance de cette industrie nouvelle avec les précieux, les immenses intérêts engagés dans la culture des plantes oléagineuses indigènes?

Nous le disons avec bonne foi, nous espérons, nous croyons que tous les intérêts peuvent se concilier; nous le désirons ardemment, car nous, agriculteurs, peu faits aux protections signalées, étrangers aux rapides, aux brillantes faveurs de la fortune, nous sommes toujours modérés; nous demandons à vivre et jamais à nous élever sur des ruines. Mais enfin, ici, les intérêts en présence ne nous paraissent pas pouvoir être mis en balance.

*Devons-nous suivre, dans notre économie politique,
l'exemple de l'Angleterre ?*

D'abord il n'est pas exact de dire que l'Angleterre
ne cultive pas de plantes oléagineuses pour en laisser à
la marine le transport. Aucune loi, aucun règlement ne
tendent vers ce but, et, dans plusieurs parties de l'Angleterre, on cultive des colzas en quantités assez considérables. Il est vrai que les agriculteurs anglais se livrent
beaucoup plus que nous à l'élevage des bestiaux, et cul-
tivent plus de racines et surtout de pâturages; mais aussi,
sous leur climat brumeux, ce mode de culture leur est
bien plus facile qu'il ne le serait dans la plus grande
partie de la France. Ceux qui ont visité les agriculteurs
anglais savent qu'ils font entrer dans leurs assolements
réguliers des semis de graminées ou prairies naturelles,
qui font d'admirables pâturages pour leurs moutons
pendant deux ans, et qu'ils font rentrer ensuite dans
leur culture annuelle.

Mais comment nos adversaires sont-ils allés chercher en Angleterre des exemples pour nous condamner,
dans l'Angleterre qui, plus qu'aucun pays du monde, a
entouré son agriculture de droits protecteurs?

Puis d'ailleurs, est-ce que nous pouvons copier en rien
l'Angleterre dans son économie sociale? est-ce que nous
sommes constitués politiquement et géographiquement
comme elle? Sommes-nous une puissance essentiellement

maritime, ou tirons-nous, avant tout, notre force de notre territoire?

Maintenant que nous avons discuté les objections qui ont été faites au congrès, nous allons passer rapidement en revue les opinions émises dans la brochure des négociants de Marseille, qui nous semblent, pour la plupart, être déjà réfutées par ce qui précède. Le rapporteur de leur commission s'est attaché à démontrer que le Nord et l'Ouest importaient autant et plus de graines oléagineuses étrangères que Marseille ; puis il a fait ressortir les avantages de cette importation et les inconvénients de tarifs élevés. Enfin il a conclu, par forme de concession, à ce que les graines oléagineuses étrangères ne fussent soumises qu'à un tarif unique, quel que fût le rendement, qui ne dépassât jamais 1 fr. 50 par navire français, 3 fr. par navire étranger et par terre.

Et d'abord, que nous importe la proportion des importations du Nord et du Midi, puisque nous nous plaignons de toutes les importations étrangères de quelque côté qu'elles se fassent ?

Nous croyons avoir suffisamment répondu à ce qui est dit des avantages de l'importation, pour le commerce maritime et pour l'agriculture du Midi.

Nous remarquons que l'importation a surtout fait baisser le prix des savons *fins*, et il nous est impossible de regarder le savon fin comme un objet d'un usage si étendu et d'une nécessité si absolue pour les classes pauvres, ainsi que le dit la brochure.

Nous ne pouvons croire, avec son auteur, que les propriétaires d'oliviers du département du Var n'ont pas compris leurs intérêts lorsqu'ils se plaignent, et que le conseil général des Bouches-du-Rhône s'est trompé lorsqu'il dit, par l'organe de l'habile rapporteur de sa commission, *« la liberté doit cesser où commence le dom-* *« mage d'autrui, »* et lorsqu'il conclut à ce que *« la* *« graine de sésame soit frappée d'un droit proportionnel* *« à son rendement et à la valeur commerciale de l'huile* *« qui en provient. »*

Tous les avantages de l'huile de sésame, sous les rapports du bon goût, de la salubrité et du bon marché pour les classes pauvres, s'appliquent parfaitement à l'huile d'œillette, qui est infiniment meilleur marché que l'huile d'olive, et qui, mêlée à une faible quantité de celle-ci, est encore très-bonne; elle deviendra meilleur marché encore, lorsqu'à la faveur des droits protecteurs la culture des œillettes se sera plus étendue.

On prétend que le Nord ne suffira pas à la consommation de la France, et on donne pour preuve qu'il n'expédie à Marseille que ses huiles rousses ou de seconde qualité faites avec des graines inférieures, et qu'il trouve si bien, dans le Nord lui-même, l'écoulement de ses bonnes huiles, *qu'en 1842 il a fait acheter, à Mar-* *seille, 30,000 quintaux métriques de graines oléagineuses* (p. 43).

Constatons d'abord ce fait, que les fabricants du Nord ont acheté à Marseille et qu'ils ont supporté *le fret de* *Marseille dans le Nord,* et concluons-en qu'à leur tour les fabricants d'huile de Marseille pourraient acheter sur nos marchés , pour leurs usines , et supporter *le fret du Nord à Marseille.*

Puis rectifions l'allégation de ce fait : les fabricants du Nord n'ont pas acheté pour la *consommation* du Nord , ils ont acheté pour *leur fabrication* ; la preuve en est dans les quantités énormes d'huiles envoyées jusqu'ici du Nord à Marseille , et dans la gêne qu'a produite la cessation des demandes de cette ville. Si le Nord se suffisait à lui-même , ces produits , qui étaient à 32 fr. en janvier 1843 , ne seraient pas tombés à 22 fr. dès que le débouché de Marseille lui a manqué ; enfin , si le Nord se suffisait pour ses bonnes huiles et n'envoyait à Marseille que des huiles inférieures , les dernières qualités de graines auraient fléchi seules , et les premières se seraient soutenues : or ce n'est nullement ce qui a lieu , et toutes les qualités sont également tombées ; ce fait est patent , et toutes nos mercuriales en font foi.

Mais , dites-vous , l'agriculture du Nord a tort de se plaindre ; et n'y a-t-il pas un intérêt industriel rival de celui du Midi , qui se voile du manteau de l'agriculture ?

Mais il y a un fait réel , malheureusement incontestable , public , c'est l'avilissement de nos graines sur les marchés. Si l'industrie du Nord joue une petite comédie dont nous sommes les victimes , que les fabricants de Marseille déchirent le voile et déjouent les comédiens , puisqu'ils fabriquent eux-mêmes , qu'ils viennent donc acheter nos graines , qui sont à si bas prix sur nos marchés, et qu'ils les transportent chez eux *comme les fabri-cants du Nord y ont transporté des graines de Marseille* : la concurrence est libre , les marchés ouverts , et nous serons les premiers à cesser nos plaintes.

On reproche au Nord l'augmentation de la valeur de son sol, et on en attribue la cause aux tarifs sur les lins, sur les blés et sur les bestiaux étrangers.

Mais ce n'est nullement à la faveur et à la suite de ces tarifs que le sol a pris une plus grande valeur dans le Nord. D'abord cette valeur a augmenté dans une bien plus grande proportion dans plusieurs départements *de l'intérieur et de l'ouest* où l'ouverture de nombreuses voies de communications et le développement de l'intelligence des agriculteurs ont presque doublé les produits depuis quinze ans. Si notre sol a plus de valeur, c'est que depuis quelques années notre culture a fait d'immenses progrès, et cette plus-value est surtout remarquable, non pas depuis l'établissement des tarifs, mais depuis les enseignements donnés et les perfectionnements apportés par l'industrie sucrière.

On nie l'avenir du sésame, de l'arachide, du touloucouna, etc., et on prétend leur production très-limitée.

Mais, au congrès agricole, MM. Moll et Blanqui avaient été plus francs ou mieux informés. Les faits sont patents en Égypte , en Syrie ; aussi M. Blanqui les accepte-t-il, aussi les regarde-t-il *comme si considérables*, qu'ils ont pour lui la force de la destinée contre laquelle il ne veut pas qu'on lutte; qu'ils ont pour lui l'autorité de faits accomplis.

Le rapporteur de la commission des négociants de Marseille, en montrant les dangers d'une augmentation de tarifs, cherche à prouver que tous les avantages qu'il attribue à l'importation seraient perdus.

Il nous semble, pour suivre l'ordre qu'il a pris, que nous avons suffisamment démontré

Que, par suite d'une augmentation de tarifs, les usines du Midi ne seraient pas nécessairement ruinées et détruites;

Que l'agriculture du Midi ne sera pas privée des tourteaux si elle en comprend l'utilité aussi bien que le Nord et l'Angleterre;

Que la marine du Midi ne souffrirait pas, puisqu'elle peut, tout aussi bien que celle du Nord, faire le commerce des huiles d'olive et de graines, des graines elles-mêmes, enfin des vins;

Que l'on ne donnerait pas une augmentation au sol du Nord, puisqu'il ne demande pas de nouveaux bénéfices, mais seulement la position qu'il avait toujours eue avant ces importations si récentes;

Enfin qu'on n'imposerait pas aux classes pauvres une longue privation, puisque l'huile d'œillette remplace parfaitement pour elles l'huile de sésame, et que la culture des plantes oléagineuses se répand avec une telle rapidité vers l'ouest et le centre de la France depuis quelques années, que sans doute bientôt l'huile d'œillette sera beaucoup plus commune.

Nous sommes d'accord avec le rapporteur des négociants de Marseille, lorsqu'il s'élève contre l'élévation des tarifs dans un intérêt purement fiscal. Nous pensons que la bonne politique est d'abord de favoriser le développement de la richesse intérieure, qui rapportera bien plus à l'État que les douanes. Les tarifs, selon nous, ne doivent être qu'un moyen, et jamais un but.

Nous sommes aussi d'accord avec lui pour ce qu'il dit du projet de loi fait en 1843. Il ne nous semble pas juste qu'il y ait faveur pour l'importation par le Nord et par terre, au détriment de l'importation par le Midi et par mer ; mais nous différons sur le mode de fixation du tarif.

Il s'élève contre la fixation d'après le rendement en huile : « Les soies, le café, les blés, dit-il, acquittent « des droits qui ne changent pas avec la diversité des « qualités, qui en change cependant beaucoup la va- « leur. »

Il ne nous semble pas qu'il y ait ici similitude.

Le produit des graines oléagineuses est l'*huile*, et c'est le produit, la *quantité* du produit, et non sa *qualité*, que nous demandons qu'on impose. Nous ne voulons pas qu'on impose les graines de sésame *de première qualité* plus que les graines de sésame *de dernière qualité*, pas plus, qu'on n'impose pas la soie, le blé, le café de *première qualité* que ces mêmes produits de *dernière qualité* ; mais nous demandons qu'on impose le lin autrement que le sésame, et celui-ci autrement que le touloucouna, ainsi de suite. En effet, parmi les graines oléagineuses, il y a des espèces toutes différentes, variées dans leur culture, dans leur aspect, et surtout dans leur rendement en huile, pour ne devenir *similaires* que dans leur transformation dernière : il n'est donc véritablement possible de les réunir dans une même catégorie (si on veut en faire une seule) que lorsqu'après avoir suivi toutes les phases de leur croissance, de leur récolte et de leur manipulation, elles sont arrivées à leur *nature similaire*.

C'est donc *l'huile* seulement qu'il faut imposer ; les tarifs sur les graines oléagineuses étrangères nous semblent donc devoir être établis d'après *leur rendement en huile*.

Il restera au gouvernement à fixer le taux de l'impôt mis sur l'huile ; le congrès agricole avait proposé de prendre pour base le tarif de l'huile d'olive, parce que les huiles de sésame et de touloucouna la remplacent dans la plupart de ses emplois.

Enfin les négociants de Marseille se demandent ce qu'il y a à faire, et ils répondent :

« L'agriculture du Midi ne souffre pas ; *celle du Nord « ne souffre pas davantage.* »

En vérité, ceci est un peu fort.

Les propriétaires d'oliviers, les conseils généraux du Midi se plaignent :

Ils ne connaissent pas leurs véritables intérêts.

L'agriculture du Nord jette les hauts cris : ses produits sont baissés d'un tiers ; elle perd tellement, qu'elle hésite, en ce moment, à ensemencer ses champs, à hasarder encore cette culture qui lui a donné l'aisance et qui ne lui présente plus que des chances de perte ;

Elle est dans une erreur profonde ; elle fait ses bénéfices ordinaires, et elle ne sait pas comprendre son avenir.

Puis alors, on propose comme jouet à ce grand enfant, dont on convient cependant que « *la voix est puissante* » une protection dérisoire, et par elle-même, et par son mode d'application ; le rapporteur de la commission des fabricants et négociants de Marseille demande que cette protection ne dépasse en aucun cas un droit *unique*, pour tous les produits étrangers, de

1 fr. 50 par navire français }
3 fr.   » par navire étranger } pour 100 k. de graines.

Nous sommes d'accord avec lui pour que tous les produits étrangers soient imposés, quel que soit leur mode d'importation.

Nous voulons une égale justice, une égale protection pour le **Midi**, pour le **Nord** et pour tous les ports de la France ; mais nous demandons que les droits soient établis d'une manière rationnelle et équitable ; nous demandons une protection devenue urgente, et nous la demandons efficace.

Nous osons dire au gouvernement, aux chambres :

Profitons de l'expérience de nos voisins d'outre-mer ; gardons-nous de ces excès de protection et, par suite, d'extension données au commerce, car, après les jours prospères, l'industrie qui a trop produit a ses grandes crises, elle a d'irréparables désastres qui laissent sans

travail et sans pain ses grandes populations manufactu-
rières. Pensez donc à notre agriculture, si sage, si calme,
si modérée ; comprenez donc enfin que c'est elle qui constitue la véritable force de la France : elle n'a pas le
prestige et la séduction du commerce, elle n'a pas ses
succès brillants et rapides ; mais prévoyez l'adversité,
prévoyez des revers, et dites si ce n'est pas alors sur l'a-
griculture que vous chercheriez un appui ; dites si vous
trouveriez ailleurs des richesses plus précieuses, des ressources plus assurées que ses trésors et son sang.

FIN.